Tucholsky Wagner   Zola   Scott Sydow   Schlegel
Turgenev   Wallace   Fonatne   Freud
     Twain   Walther von der Vogelweide   Fouqué   Friedrich II. von Preußen
                  Weber   Freiligrath
                                   Kant   Ernst   Frey
Fechner   Fichte Weiße Rose   von Fallersleben   Richthofen Frommel
                                        Hölderlin
          Engels   Fielding   Eichendorff   Tacitus   Dumas
   Fehrs   Faber   Flaubert
                                       Eliasberg   Ebner Eschenbach
Feuerbach   Maximilian I. von Habsburg Fock   Eliot   Zweig
                      Ewald   Vergil
          Goethe   Elisabeth von Österreich   London
Mendelssohn   Balzac   Shakespeare   Ganghofer
                          Lichtenberg   Rathenau   Dostojewski
     Trackl   Stevenson   Hambruch   Doyle   Gjellerup
Mommsen   Tolstoi   Lenz   Droste-Hülshoff
         Thoma   Hanrieder
                         von Arnim   Hägele
  Dach   Verne   Hauff   Humboldt
      Karrillon   Reuter   Rousseau   Hauptmann   Gautier
                    Garschin   Hagen
          Damaschke   Defoe   Hebbel   Baudelaire
                             Descartes
                                              Hegel   Kussmaul   Herder
Wolfram von Eschenbach   Dickens   Schopenhauer
   Bronner   Darwin   Melville   Grimm Jerome Rilke   George
                                                              Bebel
          Campe   Horváth   Aristoteles   Proust
Bismarck   Vigny   Barlach   Voltaire   Federer   Herodot
                    Gengenbach   Heine
  Storm   Casanova   Tersteegen   Grillparzer   Georgy
                Chamberlain   Lessing   Langbein   Gilm   Gryphius
Brentano   Lafontaine
   Strachwitz   Claudius   Schiller   Kralik Iffland Sokrates
         Katharina II. von Rußland   Bellamy Schilling
                                 Gerstäcker   Raabe   Gibbon   Tschechow
  Löns   Hesse   Hoffmann   Gogol   Wilde   Gleim   Vulpius
      Luther   Heym   Hofmannsthal Klee Hölty Morgenstern
            Roth   Heyse   Klopstock   Kleist   Goedicke
 Luxemburg   Puschkin   Homer   Mörike
           Machiavelli La Roche   Horaz   Musil
 Navarra Aurel   Musset   Kierkegaard   Kraft   Kraus
                              Lamprecht   Kind   Moltke
      Nestroy Marie de France   Kirchhoff   Hugo
                                Laotse   Ipsen   Liebknecht
    Nietzsche   Nansen   Ringelnatz
        Marx   Lassalle   Gorki   Klett   Leibniz
    von Ossietzky   May   Irving
                             vom Stein   Lawrence
     Petalozzi   Knigge
           Platon
              Pückler   Michelangelo   Kock   Kafka
      Sachs   Poe   Liebermann
                                                    Korolenko
             de Sade   Praetorius   Mistral   Zetkin

La maison d'édition tredition, basée à Hambourg, a publié dans la série **TREDITION CLASSICS** des ouvrages anciens de plus de deux millénaires. Ils étaient pour la plupart épuisés ou uniquement disponible chez les bouquinistes.

La série est destinée à préserver la littérature et à promouvoir la culture. Elle contribue ainsi au fait que plusieurs milliers d'œuvres ne tombent plus dans l'oubli.

La figure symbolique de la série **TREDITION CLASSICS**, est Johannes Gutenberg (1400 - 1468), imprimeur et inventeur de caractères métalliques mobiles et de la presse d'impression.

Avec sa série **TREDITION CLASSICS**, tredition à comme but de mettre à disposition des milliers de classiques de la littérature mondiale dans différentes langues et de les diffuser dans le monde entier. Toutes les œuvres de cette série sont chacune disponibles en format de poche et en édition relié. Pour plus d'informations sur cette série unique de livres et sur l'éditeur tredition, visitez notre site: www.tredition.com

tredition a été créé en 2006 par Sandra Latusseck et Soenke Schulz. Basé à Hambourg, en Allemagne, tredition offre des solutions d'édition aux auteurs ainsi qu'aux maisons d'édition, en combinant à la fois édition et distribution du contenu du livre en imprimé et numérique et ce dans le monde entier. tredition est idéalement positionnée pour permettre aux auteurs et maisons d'édition de créer des livres dans leurs propres domaines et sujets sans prendre de risques de fabrication conventionnelles.

Pour plus d'informations nous vous invitons à visiter notre site: www.tredition.com

L'art et maniere de semer

David Brossard

Mentions légales

Cette œuvre fait partie de la série TREDITION CLASSICS.

Auteur: David Brossard
Conception de couverture: toepferschumann, Berlin (Allemagne)

Editeur: tredition GmbH, Hambourg (Allemagne)
ISBN: 978-3-8491-2523-3

www.tredition.com
www.tredition.de

Toutes les œuvres sont du domaine public en fonction du meilleur de nos connaissances et sont donc plus soumis au droit d'auteur.

L'objectif de TREDITIONS CLASSICS est de mettre à nouveau à disposition des milliers d'œuvres de classiques français, allemands et d'autres langues disponible dans un format livre. Les œuvres ont été scannés et digitalisés. Malgré tous les soins apportés, des erreurs ne peuvent pas être complètement exclues. Nos partenaires et nous même, tredition, essayons d'aboutir aux meilleurs résultats. Toutefois, si des fautes subsistent, nous vous prions de nous en excuser. L'orthographe de l'œuvre originale a été reprise sans modification. Il se peut que ce dernier diffère de l'orthographe utilisée aujourd'hui.

L'art et maniere de semer/ & faire Pepinieres des Saulvaigeaulx Enter de toutes sortes D'arbres/ & faire Vergiers. Avecques plusieurs aultres nouveaultez. Redigé & mys en escript par frere Dany/ Religieulx de l'Abbaye sainct Vincent/ lez le Mans. Selon ce qu'il en a longuement esprouvé & experimenté en son temps/ a faire dresser les vergiers de ladicte Abbaye.

Et contient ledict livre sept Chappitres/ comme l'on verra cy aprés.

In laudem insitionis distichon

Hesperidum campi quicquid: romanaque tellus
Fructificat: nobis: insitione datur.

On les vend a Lyon au pres nostre dame de Confort chez Olivier Arnoullet.

Rondeau

Pour ton playsir/ & pour ton passetempsSi veulx enter/ & tu lys & entendzSe que contient la presente escripture/Tu trouveras chose dont par droictureTous bons enteurs doybvent estre contemps.
A bien enter/ soit esté ou printemps/Preuniers/ Poyriers/ ou ce que tu pretensSi tu l'ensuytz tu feras bonne enteure.pour ton plaisir
Ce sont actes a tous clercz & patensQue quant ta main a enter tu estendzPour en advoir de meilleure nature/Si tu entes l'excellente en la dure/La bonne & franche en bref tu en attends.
Pour ton plaisir.

Cy commence les chapitres contenuz en ce present livre.

Le premier chapitre/ qui traicte comme on doibt affier pepinieres de pommiers poyriers pruniers & cormyers.

Le deuxiesme chapitre qui traicte comme de faire bastardieres/ de petiz saulvageaulx quant ils sont arrachez de la pepyniere.

Le troysiesme chapitre qui traicte d'affier Arbres de noyaulx.

Le quatriesme chapitre qui est d'affier aultres arbres lesquelz viennent de gros cyons picquez/ sans avoir racines. Et aussi de proigner les menus cyons de toutes sortes d'arbres/ & quant il en est temps.

Le cinquiesme chapitre qui traicte d'enter de toutes sortes d'arbres/ principallement des quatre manieres d'enteures.

Le sixiesme chapitre/ qui traicte de transplanter les arbres/ de lieu en aultre.

Le septiesme chapitre/ qui est de medeciner & entretenir les arbres/ quant on les a affiez.

Fin des chapitres contenuz en ce livre.

Le premier chapitre/ qui est d'affier Pommiers & Poyriers Prunier & Cormiers.

Pour faire pepynieres de Poyriers/ Pruniers/ & Cormiers. Il fault premierement avoir ung grant carreau ou planche: de bon gueret en bonne terre & bon sollage/ preparé de bon temps devant.

Et s'il est possible de l'yver procedant/ bien profondement besché/ & fort engressé & meslé de bon gressin/ presque demy/ & mis a meurir ensemble avecques la terre: & le garder ainsi par gros seillons au nouveaulx/ a pourir/ jusques au temps que on pressouere les cydres.

Et puis au moys de Septembre/ ou D'octobre/ ou environ: prenez du marcq desdictz fruictz a l'yssue du pressouer ou ung peu aprés/ avant que les pepins en soyent gastez/ & les frotez & essuyez bien menu entre les mains/ & puis estendez vostre gueret bien uny/ & semez icelluy marc: tant que la terre en soit legierement couverte sans le mettre trop espés. Et ce fait mettez le par planches larges de quatre petis piedz ou environ/ tellement qu'on les puisse sercler d'ung costé & d'aultre/ quant besoing en sera/ sans monter dessus/ & couvrez bien vostre marc/ de la terre que levrez en faisant les raises d'entre les planches & raclez ung peu par dessus/ sans amonceller icelluy marc.

Ou bien aultrement/ si vous voulez. Estisez assez largement des pepins/ & les tirez d'avec le marc/ a l'yssue du pressouer & les faictes seicher: & les gardez jusques à l'yver: & puis environ la sainct André/ ou peu aprés/ semez les en tel bon gueret comme dict est/ ainsi que vous semeriez des poix menuz.

Mais en ceste maniere de faire/ n'est ja besoing de lever gueres de terre des rayses quant aussi vous taillerez voz planches/ car il ne les fault pas tant couvrir/ comme ceulx qu'on seme avec le marc/ aulmoins les fault il ung peu racler par dessus.

Et incontinent que vostre gueret sera semé: & les planches faictes: en l'une maniere ou en l'aultre/ comme dict est/ guettez que les poulailles ne puissent grater/ en gectant des rameaulx legierement par dessus/ & aussi prenez garde que les pourceaulx ne aultres bestes ne les aillent en dommaiger.

Et puis quant l'yver sera passé que vous verrez lever les pepins/ laissez les bien croistre/ ung an tant seullement/ & en cerclez tous les bourriers/ quant besoing en sera/ & les arrousez hardiement comme a l'esté quant il sera sec.

Et puis quant les saulvageaulx en seront gros d'ung an/ comme dict est/ il les fault tous arracher a l'yver: avant qu'ilz ayent recommencé a bourjonner/ & en faictes ung bastardiere/ comme il s'ensuyt.

Le second chapitre qui est de faire bastardiere/ de faire petis saulvageaulx quant ilz sont arrachez de la pepiniere.

Pour faire les bastardiers d'iceulx petis saulvaigeaulx/ incontinent qu'ilz seront arrachez de la pepiniere/ ayez encore d'aultre bon gueret en bonne terre & beau soullage preparé et accoustré/ comme dict est/ pour les pepinieres.

Et puis/ environ l'advent/ fault estendre ycelluy gueret/ & en faire ung careau bien uny/ comme une grande place/ autant qu'en demandez/ & y reonnez ces petis saulvaigeaulx. Et aussi en pourrez remettre & reonner/ si vous voulez/ une partie dont vous les aurez arrachez/ de leur pepiniere.

Mais quelque part que les replantez: il leur fault premierement a tous coupper l'espesse & maistresse racine/ & toutes aultres racines/ & ne leur en laissez que leur souchettes.

Et faictes les reons creux/ d'ung demy pied ou environ/ suppose qu'il fault encores qu'il y ait de bon gueret/ plus bas au dessoubz desdictes souchettes.

Arrengez bien voz petis saulvaigeaulx es reons/ a ung grand demy pied de long l'ung de l'aultre/ & les y couvrez bien uniment/ & feront de l'aultre du gueret comme vous feriez a reonner de poirees.

Laissez de l'espace/ entre chascun de voz reons de l'ung reon a l'aultre/ ung pied ou environ/ tellement que vous puissez faire des raises aprés chascun reon/ de telle espace qu'on y puisse aller pour les cercles. Et pour y entrer une partie/ quant le temps en sera venu/ mais en faisant ainsi y auroit autant de raises comme de reons. Et pource s'il vous semble mieulx/ ne ja tant faire de raises/ mettez vostre gueret par planches larges de cinq piedz ou environ/ & y reonner yceulx petis saulvageaulx/ quatre reons en chascune planche ung pied en carré: loing l'ung de l'aultre/ comme vous feriés a planter de gros choulx/ & incontinent qu'ilz seront reonnez en l'une maniere ou en l'aultre/ comme dit est. Il leur fault a tous coupper le tronc rez de terre/ mais en ce faisant gardez que ne les retirez du gueret/ ou si vous les voulez coupper avant que les renner/ mais qu'ilz feussent reonner de bonne mesure au rez de terre/ seroit assez & y faictes les raises comme il appartient & les emplissez de fumier sans l'enterrer ne couvrir la plante/ & les fault bien sercler & nettoyer les bourriers: & les beschetez aulcunesfoys en esté/ ung peu par dessus/ sans approcher trop des racines/ qui ne sont pas encores assez prinses.

Et les arrouser quant il fera grant chault et sec/ aulmoins la premiere annee. Et quant ilz auront regecté cyons nouveaulx/ ne laissez en chascun sauvageau que le plus beau geton/ & couppez tous les aultres bien rez du tronc.

Et puis comme ilz croystront/ curez les bien amont du menu boys superflu aussy bien rez du tronc: au moys de Mars: ou D'apvril. Et si vous picquez au pied de chascun des petites gaullettes/ & les y lyez avecques forte herbe pour les dresser/ sachez que cela leur fera grant bien. Et puis aprés cinq ou six ans passez/ qu'ilz seront gros/ comme les doygs ou environ: on pourra les ungz transplanter la ou lon vouldra qu'ilz demourent la du tout.

La maniere comme on les doit replanter/ est au .vi. chapitre. & puis les fault la enter/ a deulx ou troys ans aprés quant ilz y seront bien enracinez/ & les aultres saulvageaulx/ que laisserez en ladicte bastardiere/ vous les y pourrez enter si bon vous semble. Aprés qu'en aurez arraché les plus beaulx pour transplanter/ comme dit est la maniere de les enter est au .v. chapitre/ mais aprés qu'ilz seront entez/ en quelque lieu que ce soit/ ne les fauldra point arracher pour porter planter en aultres lieulx/ jusques a ce que les greffes en soient bien reclos sur la couppeure de sauvageau.

Et adoncques quant ilz seront bien cerclés sera temps de les transplanter la ou on vouldra qu'ilz demeurent du tout. Car qui plus souvent les transplanteroit/ on leur feroit grand dommaige/ & danger seroit de les faire mourir.

Mais se d'adventure: par oubly ou negligence avez laissé voz petis saulvageaulx en leur pepiniere deulx ou troys ans sans les arracher/ il les fauldroit reonner/ comme dict est/ des aultres petis/ mais leur fauldroit faire les reons plus creulx/ pour les replanter/ et ne leur rongner par tant leur racines d'ung peu & les esbranchez par hault/ selon qu'on verroit que besoing en seroit/ & ou surplus les transplanter & enter/ & en faire les aultres choses/ come dict est/ de ceulx qu'on reonne petis d'ung an.

Au regard de petis cormiers/ il ne les fault ja enter/ car je croy qu'on n'y gaigneroit rien/ mais seullement les arracher de la batardiere/ quant ilz seront gros comme bastons/ & les esbranchés/ & portez planter ou vous vouldrez qu'ilz demeurent du tout.

Il est a noter que si les pepinieres sont semees de marc de poyres & pommes franches: qu'aulcuns pepins se trouvent qui ameinent arbres/ lesquelles sont droictes/ & ont beau boys/ comme si elles estoyent entees/ & sans avoir picquerons lesquelles si les voulez planter ainsi a la saillie de la batardiere sans jamais les enter/ ameneront bons fruictz non pas proprement semblables aulx fruitz des arbres dont sont sortiz les pepins: mais d'aultres sortes nouvelles competemment bons a menger: & aulcunesfoys pour faire cydre/ que ceulx qui seront des arbres entees.

Et ainsi peult on multiplier plusieurs sortes de poyres & pommes/ mais non pourtant/ quand vous trouverés quelques bonnes arbres/ ainsi venues de pepins/ si vous en voulés augmenter arbre de mesmes/ prenez en des greffes & les entez.

Car si vous en replantés des pepins le fruict s'en changera encores/ car le fruict qui vient d'enter par greffe/ retient tousjours la forme du fruict des arbres ou on les a prinses.

Mais les fruictz qui viennent de pepins & changent autant de foys comme on les change.

Et est ici a noter/ que faire bons cydres de quelques fruictz qu'ilz soyent principallement de pommes/ soyent franches ou saulvaiges: que voulez garder en meurail: il les fault mettre en lieu sec/ & couvrir par monceaulx sus de la paille/ & quant vous en vouldrez faire le cydre/ elisez celles qui sont noires pourries/ et les gectez. Et pour vous donner a congnoistre: ne faictes pas comme aulcuns du pays Mans qui mettent leurs pommes migeoller es jardins a la pluye & gellee & sur la terre nue/ la ou elles perdent leur force & demeurent toutes fades & eneuses/ & a grand peine en peult on jamais faire cydre qui guiere vaille.

Le tiers chapitre qui est d'affier arbres de noyaulx.

Pour affier arbres/ lesquelz viennent de noyaulx/ quant vous en mengerez les fruictz: gardez les noyaulx/ & les faictes seicher au vent sans les mettre au soleil trop aspre.

Et au commencement de l'yver les plantez tellement qu'ilz puissent souldre de la terre incontinent au renouveau/ vous les pourrez bien planter quant vous en mengez les fruictz/ mais il y auroit danger/ s'ilz sortoient de terre devant l'yver/ que la froidure les feist mourir: de les trouver si tendres. Et pource est il bien requis de les planter en temps qu'ilz ayent loysir de s'efforcer/ avant que attendez a les planter aprés l'yver/ faictes les tremper troys ou quatre jours en du laict/ avant que les planter.

Et si vous les voulez planter des le commencement/ la ou vous voulez qu'ilz demeurent/ sans avoir affaire de les transplanter: ce sera le plus aisé/ & mettre en chascun lieu troys ou quatre noyaulx/ & puis si tous lievent ne laissez en chascun lieu que le plus beau/ & arrachez les aultres/ pour les planter ou vous vouldrez.

Ou s'il vous semble bon/ plantez iceulx noyaulx tous en ung carreau de bon gueret/ mais en quelques temps & lieulx que les plantés/ gardez que ce soit en bon gueret/ & bien profundement besché: & mettez force de fumier parmy. Et les plantez troys doys dans terre/ & a demy pied loing l'ung de l'aultre: & les arrousez aulcunesfoys a l'esté: quant il fera sec: & serclez & bechetez quant besoing en sera. Et puis quant ilz seront ung peu nourris/ arrachez ceulx que voulez transplanter environ l'advend & leur rongnez les racines: & esbranchez avant que replanter.

Et est icy a noter: qu'ilz sont aulcunes especes de noyaulx qui ameinent arbres: dont les fruictz sont semblables aulx fruit de celles dont ilz sont yssus: quant on les plante en bonne terre & beau sollaige: ce sont les noues grosses & toutes manieres de pesches: parfigues/ amandes: chastaignes: abricotz menuz & les boys.

Toutes ycelles arbres viennent bonnes & franches de noyaulz plantez par ainsi que la terre: en laquelle on les plante: soit aussi bonne & en aussi beau sollaige: comme celle en laquelle ont creu les fruictz d'iceulx noyaulx.

Car si vous plantez en ung jardin umbreulx les noyaulx de bonnes pesches ou prefigues qui ont creu en beau sollaige de vigne/ le fruict n'en sera pas de si bonne sçaveur/ supposé qu'il sera de mesmes. Et aussi est il des aultres fruictz/ & toutes arbres. Car la bonté de la terre & beau sollaige y sert beaucoup.

Pour affier les Pins: il en fault planter des noyaulx en Mars ou environ a la cheute de l'arbre ou peu aprés la ou vouldrez qu'ilz demeurent du tout/ en fosses bien beschees & bon gueret/ sans les transporter. Car a grande difficulté peuvent prendre si on les transplante/ principallement s'on leur blece la maistresse racine.

Pour affier les cerisiers aygres/ qui croissent coummunement es jardins/ suppose qu'ilz pourroyent bien venir de noyaulx. Et pourtant mieulx vault prendre des petis cyons/ bien chevoluez/ qui sortent des racines des grans cerisiers/ & les planter car plus tost seront venus que de noyaulx/ mais que ce soit tandis qu'ilz seront encores jeunes & petis/ comme de deulx ou troys ans/ car quant ilz sont gros: ilz ne prouffitent pas si bien/ aulmoins il les fauldroit bien esbrancher/ avant que les planter.

Ilz sont d'aultres especes de noyaulx/ qu'en quelque bonne terre & beau sollaige que les puissez planter les arbres/ n'en apportent mye les fruictz francz/ ne proprement semblables a ceulx dont en sont yssus les noyaulx/ mais en sont fort abastardis. Ce sont noysilles et noyaulx de toutes sortes de prunes & de heaulmes entaissez: & de gros abricotz. Et pource qui en veult affier de bonnes arbres & de franches: il les fault affier en la maniere qui s'ensuit.

Pour affier des noysilliers c'est assavoir les couldres franches: prenez des petis getons qui sortent des racines: des bonnes couldres franches bien chevolues: & les planter: & le fruict en sera semblable a celuy des couldres dont ilz sont yssus: & ne fault ja les esbrancher quant on les replante s'elles n'estoyent fort grandes. Mais a troys ou quattre ans aprés qu'on les a plantees: s'on voit que les cyons qu'on a plantez ne soyent beaulx & bien eslevez/ on les pourra coupper res de terre/ & laisser croistre les aultres petis cyons/ qui sortent tous droictz des racines des souches qu'on y a planttés.

Pour affier pruniers/ dont voulez avoir prunes semblables a celles des arbres que demandez. Si lesdictes arbres de pruniers ne sont point entez/ prenez en seullement des cyons qui yssent de leur racine bien chevolues: & les plantez: & le fruict en sera de mesmes celluy des arbres ou vous les avez prins.

Mais si icelles arbres de pruniers sont entez/ il en fauldroit prendre des greffes & les enter en aultres pruniers/ & le fruict en sera de mesmes/ que ne seroit pas de cyons de leurs racines puis qu'elles sont enteisses.

Pour affier toutes manieres de heaulmes fault avoir des greffes d'icelles arbres/ & les enter en guygniers saulvaiges ou en cerisiers aygres/ qui croissent es jardins/ & le fruict en sera bon & franc/ car les noyaulx & gettons saulvaiges sont bons entez d'aultres.

Et pourtant que de ces deulx especes d'arbres/ c'est assavoir prunes & heaulmes/ quant ilz sont entez n'ont mye les racines franches comme sont les branches du hault. Parquoy des cyons qui yssent de leur racines on ne pourroit affier arbres franches. Il est a sçavoir la maniere de les accoustrer en sorte qu'on en puisse faire arbres: lesquelles pourront getter au temps advenir/ quant elles seront grandes/ des cyons de leurs racines/ qui seront francz comme les branches/ qu'on en pourra transplanter/ pour faire bonnes arbres franches. Et ne sera plus besoing d'en enter d'icelles sortes. Mais on les augmentera les unes des aultres: comme vous pouez veoir qu'on faict de cyons qui sortent des racines des couldres comme dict est/ & fault faire ce que s'ensuit.

Il fault donc enter des Pruniers ou heaulmiers/ de quelque bonne sorte que voulez avoir/ comme sera cy aprés declairé au .v. chapitre. Et les fauldra enter tandis qu'elles seront encores petites/ & enter assez pres de terre. Car on les pourra mieulx acoustrer pour cest affaire/ & ne mettre qu'une greffe en chascune d'icelles.

Et puis quant les enteures en seront bien prinses. Et que les greffes en auront produit beau boys & long au bout d'ung an il les fault proigner au commencement de l'yver/ comme ung cep de vigne/ ung pied bas pour chevolues en terre/ & meslez a force de bon gressin parmy la terre/ que tirer de la fosse la ou vous voulez provigner.

Et s'il y a aulcuns cyons petis superflus/ aulx environs des bons membres que vouldrez proigner en ce que sera en la terre. Ilz les fault coupper bien res de terre avant que les proigner. Car si vous les laissiez/ cela se convertiroit en pourriture.

Et pour bien les proigner a leur ayse fault becher tout autour de l'arbre forment/ comme qui vouldroit arracher/ tant que les racines en soyent comme a demy deschaussees. Et puis allongés la fosse du costé que la vouldrez proignez. Et selon que verrez que les racines pourront mieulx obeir a incline. Et coucher en icelle fosse l'arbre bien gracieusement. Et la y provignerez tellement que la Troncqueure/ par ou elle a esté entee en soit ung peu bas que les racines/ & que les cyons du boys nouveau sortent hors de telle haulteur comme faire se pourra.

Et se l'arbre que voullez provigner/ estoyt ung peu grossette/ & qu'elle fust trop rebelle a coucher en la fosse/ vous en pourrez bien inciser le troncq/ presque demy entre les racines. Et la torqueure/ & fault bien courber en ladicte fosse le boys que les greffes ont gecté/ le plus rondement que faire se pourra/ & se gardez bien de la rompre.

Et s'il y a plusieurs membres en l'une d'icelle/ & que tous rompent/ le remede seroyt relever l'arbre toute droicte/ & en rechausser ses racines de la terre/ qui au paravant y estoit/ & en taillez tous les membres rompuz par plus bas que la rompure/ & les laissez ainsi jusques a l'aultre annee/ qu'ilz auront regetté aultres cyons nouveaulx.

Et puis doncques les proignez a l'aultre yver/ comme dict est/ mais s'il demeure ung membre seullement qui ne soyt point rompu/ passez oultre & le proignez/ & coupez ras de la torqueure les estotz de ceulx qui sont rompus.

En proignant voz arbres/ s'il y a plusieurs membres en aulcunes d'icelles eslargissez les bien en la fosse en les y courbant bien rondement/ comme dit est. Et les choyez bien/ & les couvrés de la terre que aurez tiree de la fosse/ bien meslee avec bon gressin/ & foullez peu a peu dessus: & gardez que nul membre ne s'en relieve/ depuis qu'aurez commencé a la fouller. Et en redresser bien droict amont tous les boutz hors de terre de telle haulteur que faire se pourra. Et la fosse bien remplye. Laissez les ainsi proigner troys ou quatre ans ou environ: sans les remuer: jusques a ce que lesdictes greffes soyent trestoutes bien chevolues.

Et ce tandis picquez des bastons a l'environ: pour les dresser. Et pour paour que on les rompe. Et puis aprés troys ou quatre ans passez/ quant ilz seront bien chevolues/ il les fault deterrer au commencement de l'yver/ & en couper tous les membres chevolues d'avecques la souche/ ung peu au dessoubz de la torqueure/ & porter planter chascun d'iceulx la ou vous vouldrez qu'ilz demeurent.

Excepté qu'en pourrez bien laisser ung en la fosse: si le lieu est propre pour y demourer/ & si bon vous semble le couppez aussy d'avecques la souche: mais n'arrachez point des racines que la chevolues depuis qu'il y a esté proigné. Et ainsi pourra mieulx prouffiter que les aultres: qu'on arrache du tout.

Et si iceulx membres sont ja gros & fort branchus: quant on les arrache: il les fauldroit esbrancher avant que les replanter. Et adonc avant les arbres d'iceulx proings en seront grans/ getteront cyons de leurs racines: qui seront francs: lesquelz en transportera. Et en seront les arbres toutes franches: hault & bas: branches & racines tellement qu'il ne sera plus besoing d'enter d'icelles sortes. Car tousjours successivement celles qui viendront les unes des aultres seront franches.

Encores si voulez racoustrer la souche qu'avez provignee: aprés qu'en aurez couppé tous les membres/ & que luy eussiez laissé des cyquotz des greffes/ comme dict est elles vous regetteront encores d'aultres cyons d'iceulx cyquotz Dont vous pourrez aussi faire arbres franches/ comme des aultres premiers gettons: & les provignant & relevant en troys ou quatre ans une foys/ comme dict est des aultres.

Ceste maniere de provigner est plus difficile pour les heaulmiers: que pour les pruniers. Si est il bien requis: que ceulx principallement qui sont entez en cerisiers aygres soyent provignez: pour plusieurs raisons.

Car le cerisier aygre de sa nature ne dure mye si long temps: comme le heaulmier. Et aussi ne pourroit grossir assez suffisamment/ pour bien nourrir les greffes du heaulmier/ qu'on y a entez.

Et adonc quant ilz sont provignés: les greffes du heaulmier qu'on y a entees & provignees se chevoluent & prennent racines en terre: tellement que l'arbre s'en peult nourrir.

Et si vous ne les coupez point d'avecques la souche: ilz en proffiteront plus facillement & pourrez assez congnoystre quant ilz getteront cyons de leurs racines lesquelz seront du heaulmier: & lesquelles debvez prendre.

Au regard des aultres heaulmiers: qui sont entez sur Guyniers saulvaiges: ou vous les provignez ou non: elles durent assez long temps. Mais il se fault donner de garde de prendre du cyon qui sort de la souche du Guynier: ou Prunier saulvaige: car il est saulvaige.

Le quatriesme chapitre: qui est d'affier autres arbres. Lesquelles viennent de gros cyons: picqués sans avoir racines/ & de proignez les menus cyons.

Aulcunes arbres sont qui prennent de cyons: & branches picquees & proignees. Ce sont Meuriers Figuiers Cormetiers/ Grenadiers/ Pruniers de ficher: de plusieurs sortes Pruniers de coquaine: & Pruniers de paradis.

Pour affier icelles arbres en fault coupper des cyons es arbres/ entre la Toussainct/ & Noel ou peu aprés/ qui soyent beaulz & gros: comme bostons/ ou plus qui les pourra trouver droictz & plains d'humeur & de jeune boys comme de troys ou quatre ans ou environ/ & les fault aguyser/ comme ung peu/ demy pied de loing/ sans en oster l'escorse d'ung des costez/ & les esbrancher & les picquer d'ung pied avant en terre.

Ceulx qui sont menus/ qui se peuvent bien plyer: il les fault proigner: & toutes ycelles arbres ou elles soyent picquees/ proignees/ il fault que ce soit en bonne terre/ bien meslee de bon gressin:

& bescher bien profondement/ en lieu humide/ ou les fauldra arrouser a l'esté.

Et quant on les met en terre: il y fault bien fouller le gueret/ & mettre ung peu rond bien formé au pied de chascun lict d'ung ouzier/ affin qu'on ne les remue/ & si vous les voullez oster d'ou vous les avez mises/ attendez troys ou .iiii. ans/ & jusques a ce qu'elles soyent chevolues.

Mais si aulcunes d'icelles arbres avoyent getté des cyons du pied/ qui eussent ja racines/ il les fauldroit arracher/ & les replanter avecques la pelle.

Et si lesdictz cyons n'avoyent racines/ proignez les au pied de l'arbre/ sans les coupper/ jusques a deulx ou troys ans/ qu'ilz auront racines pour transplanter.

Lesdictes entes de Figues/ peuvent aussy estre affiees de greffes/ & y peult on aussi enter toute aultres sortes de greffes: comme sur aultres saulvaigeaulx/ & peuvent aussy venir de pepins/ non pas si tost.

Pareillement c'est la nature de Coigniers de venir de estre picquez. Mais quelque foys par curiosité/ j'en enté ung en une aubepin/ & y print bien & porte fruict de bonne garde/ mais plus menu que ne sont les aultres.

Il est aussi une maniere d'affier meuriers: qui s'ensuyt/ si vous couppez a l'yver quelques grans meuriers/ il en fault syer le tronc ou des plus grosses branches/ par tronçons longs comme d'ung pied ou environ/ & y faire ung reau en terre qui soit bien grasse/ & montre tres profondement/ affin que vous y puissez logez voz tronsons sur bout arrengees/ a demy pied loing l'ung de l'aultre/ & les y couvrez tant que la terre soit au dessus d'iceulx/ tousjours de troys ou de quattre doigs. Et les arrousez aulcunesfoys a l'esté/ si besoing en est. Et en cerclez bien aussi les bourriers s'il se y en trouve.

Et puis par espace de temps/ yceulx tronsons gecteront des cyons/ lesquelz quant seront chevoluez de deulx ou troys les pourrez transplanter. Mais laissez voz tronçons/ car ilz vous en pourront encores beaucoup regetter/ lesquelz s'ilz n'ont point racine/ enterrez les plus fort de terre par dessus/ qui soit fort bonne.

Et nottez que toutes arbres lesquelles gettent communement cyons: si les couppez a l'yver/ elles en getteront plus afflueusement/ & sont tous bons a planter.

Il y a d'autres arbuscules: c'est assavoir groyseliers/ framboysiers/ castilliers/ qu'on appelle groysilliers saulvaiges: vinettiers qu'on appelle espine benoyste/ d'ycelle en fault prendre des cyons en yver/ qui sorttent de leurs racines/ & les plantez s'ilz sont chevoluez/ & s'ilz n'ont racines il les fault proignez/ & ilz prendront assez.

Le cinquiesme chapitre qui est d'enter en quatre manieres.

Supposé qu'ilz soient plusieurs manieres/ d'enter/ j'en mettray seullement des quatres manieres/ desquelles sont bonnes/ & seures/ bien approvees/ & faciles/ & desquelles on peult bien vser & excercer les deulx pars de l'an & plus/ car j'en ay enté en nostre monastere en tous moys/ exceptez Octobre/ & Novembre/ & y sont bien prinses en commençant de greffes a l'yver & en esté: en escusson/ selon que le temps s'avance/ ou retarde/ car aulcunes arbres/ principallement jeunes cyons nouveaulx/ sont encores autant ou plus en seul ou seve/ a la my Aoust/ que les aultres estoyent a la sainct Jehan.

Et premierement est icy a noter que toutes especes d'arbres franches & saulvaiges qui de leur nature se peuvent affier par art d'enter de greffes & escusson prennent bien principallement en arbres de semblables especes/ et est le meilleur de le faire ainsi. Combien qu'ilz peuvent prendre aussy bien en aultres especes d'arbres Mais aulcunes ne y font pas si bonne fin.

On ente les Poyriers en aultres poyriers en Pomiers en Coigniers en Mesliers Aubepins & Lisiers/ les Pommiers on les ente en aultres Pommiers en Poyriers en Coygniers/ et une sorte qu'on appelle soullaye: on les ante comme disent aulcuns en perches de sault. La maniere en est difficile a qui ne l'a veu faire/ & pource je m'en tays.

Les pommiers on les ente en aultres pommiers & en l'espine noire heaulmiers on les ente en guyniers saulvaiges & en Serisiers aygres.

Les meilliers on les ente en aultres melliers & coingniers & aubepin/ & y proffitent bien j'en enté quelque foys ung en ung saulvaigeau de perier & y print/ assez bien porta fruict: mais n'y dura gueres longuement: je croy bien que ce fut a cause que la greffe du meslier n'estoit pas suffisante pour tirer assez la seve du perier.

Les gros abricotz on les ente a la teste a escusson en la seve en aultres abricotz menus & en peschiers & en perfiguiers & principallement en pruniers & y proffitent le mieulx.

Les cormiers aulcuns ont dict & escript qu'on les pouvoit enter en aultres cormiers en pommiers: poyriers & coingniers. Mais je croy cela estre bien fort difficille: car je l'ay essayé & ne l'ay sceu faire.

Et pource est le mieulx de les affier de pepins comme dict est devant au premier & second chapitre des cyons d'aultre gros boys que auriez couppez a l'yver & les auroyent gettez.

Toutes les aultres manieres d'arbres dessusdictz prennent bien facillement entes de greffes & aussi a escusson excepté les abricotz avant peschiers/ amandiers/ Perciguiers/ & peschiers qui a grand difficulté ne prennent que d'escusson en esté comme cy aprés sera desclairé quant aux amandiers/ perciguiers & peschiers: vous les pouvez aussi affier de noyaulx si seront elles plus tost venues d'enter.

Et est a noter que combien que le tronc & la greffe soyent de diverses especes/ ce neantmoins la greffe ne escusson ne participera point du tronc & du saulvaigeau comme estre poire pomme ne poire coing. &c. Qui est contre plusieurs qui ont escript que se vous entez ung meslier en ung coignier/ que les neffles sont sans noyaulx: mais c'est une abusion/ car j'en ay esprouvé le contraire.

Bien est vray qu'on peult bien affier une arbre qui aportera plusieurs sortes de fruictz/ si on y mect diverses especes de greffes comme ensemble pouez veoir haulmier noires blanches & vermeilles: & aussi des pommes & aultres arbres/ pommes & poires ensemble & escussons de diverses especes comme avant pesches: abricotz/ pruniers & aultres &c.

Entez ung perfiguier de avant pesches et Abricotz & laissez une branche du tronc. &c. Mais pourra estre selon les annees que les unes chargeront mieulx que les aultres.

Tous les aultres dessusdictz prennent bien de enter les unes es aultres & n'en ay sceu trouver d'aultres combien que y aye curieusement essayé pource que aulcuns ont dict qu'on ente bien en troncz de choulx & ormeaulx/ mais se sont reveries.

Or bien doncques pour commencer a enter fault premierement considerer quelles especes chargent le mieulx au pays la ou vous les voulez enter: car mieulx vault en avoir abondance de fruictz que bien peu ou nulles de bonnes.

Des arbres donc voulez cueillir & avoir les greffes pour enter il les fault cueillir au bout des principalles branches/ & qu'ilz soient grossettes & qu'ilz ayent ung peu de boys avecques le nouveau/ et qu'ilz ayent les oeilletz pres a pres. Car celles qui les ont loing a loing ne sont pas bien propres pour fructifier.

Celles de devers orient sont les meilleures ne fault ja cueillir les meschantes menues Greffes qui croyssent parmy le dedans des arbres ne aulcuns cyons qui croyssent sur les branches ou qui sortent de aupres le tronc des arbres/ ne aussi greffes qui soyent d'arbres fort vielles/ car on n'en peult gueres faire son proffit.

Et quant les arbres esquelles vous voulez cueillir voz greffes sont encores bien jeunes & petites: comme de cinq ou six ans/ ne prenez pas de haultes ne plus grosses fort en une petite d'ung ou deulx ans qui auroit trop de boys aultrement non. Car vous gasterez l'enteure.

Vous pouez garder greffes long temps/ mesmes depuis la toussainctz se les fueilles en sont cheutes jusques au temps d'enter: mais qu'elles soyent couvertes en terre demy pied avant sans que rien apparoisse dehors.

Mais n'en cueillez si n'est par necessité jusques a noel ou environ/ & les enterez comme dict est non pas pres des murailles de paour des mulotz & merchez le lieu.

Et est bon d'aussi garder greffes avant qu'elles soient bourjonnees quant on en veult enter entre l'escorce & le Boys quant les Arbres entrent fort en seve.

On peult bien commencer a enter en fent & de greffés a noel ou avant/ selon la saison est froyde principallement les heaulmiers/ poyriers & hastiveaulx les pommiers & mesliers si est il meilleur d'atendre vers la fin de Janvier & en Febvrier jusques en Mars tant que l'on voye que les arbres commencent a bourjonner

Et en ce temps la faict bon enter les saulvaigeaulx qui sont gros entre l'escorce & le boys de greffes tardives ou gardees en terre. Les pruniers attendent le plus tard a enter. Car ilz ne s'avancent pas tant de bourjonner comme les aultres.

Car on doit considerer si l'arbre est habitué ou non/ pour la enter tost ou tard & luy bailler greffe de mesme/ tardive ou hastive/ aussi fault regarder si le temps s'avance ou retarde.

Quant vous vouldrez aller enter ayez ung panier garny de voz greffes de terre forte bien liante de mousse/ de drappeaulx/ ou d'escorse de saulle pour torquer voz enteurs & de petis oysiers pour les lyer. Aussi fault avoir ung petit cyot ung cousteau pour fendre & pour tailler les greffes.

Le meilleur seroit pour tailler les greffes avoir ung gros canivet ou ung aultre petit cousteau bien trenchant. Ayez aussi ung petit coing estroit de boys ou de fer/ une cerpe & ung sermeau.

Et fault que voz sauvageaulx soyent bien prins avant que les oster & ne vous abusez pas a ceulx qui les entent en les plantant. Car ilz ne prouffitent pas si bien/ car le saulvaigeau qui n'a pas de la substance pour luy/ n'en peult donner a la greffe & ainsi se cuidant avancer on se retarde.

Car a grant peine une enteure prouffitera jamais bien s'elle ne prouffite bien la premiere annee/ & quant elles ont mal profité la premiere annee mieulx vault les renter par plus bas.

Et pour bien enter ainsi en fente fault premierement couper les petis cyons & branchettes superflut du pied de l'arbre/ et puis avant que faire aultre chose commencez a tailler les greffes sans les achever en tout: & leur laissez l'incision assez longue et espesse jusques a ce que le saulvaigeau soit couppé & fendu/ et puis selon qu'il se fendra ou peu ou grant vous acheverez d'acoustrer l'incision d'icelles greffes propres pour mettre tout dedans la fente.

Et taillez vos greffes en la maniere qui s'ensuyt/ faictes vostre incision entre le vieil boys & le nouveau. Si du vieil boys y a/ & si n'y en a ne vous en chaillés faictes vostre dicte incision soubz l'ung des vieilz oeilletz de la greffe en maniere que icelluy oeillet soit au derriere de la greffe quant elle sera assise dehors la fente du sauvaigeau.

Vous pourrez bien faire d'une bonne greffe longue deulx ou troys greffes & tronsons dont pourrez faire aussi bonnes enteures comme de celles qui ont vieil boys & aulcunesfoys meilleures.

Car souvent advient qu'on en treuve qui ont les oeilletz prochains du vieil boys trop menus. Lesquelz mieulx vauldroit coupper & oster avecques leurs vieil boys & tirer jusques aulx bons gros oeilletz du meilleur de ladicte greffe & y faire incision soubz l'ung d'iceulx/ comme dict est.

En taillant voz greffes faictes que l'incision d'ung costé & d'aultre par hault soit bien vuidee & carree. Affin qu'elle puisse bien joindre sur le tronc du saulvaigeau quant elle y sera assise/ et aussi qu'elle aille bien en platissant par mesure en aval tellement qu'elle se treuve bien egallement en la fente du sauvaigeau/ quant elle sera mise.

Non pas qu'il soit requis qu'elle joingne totallement par tous les endroictz/ mais quant vous taillerez les greffes des heaulmiers et pruniers ne leur platissez pas tant l'incision comme aulx aultres. Car elle ont plus grosse mouelle laquelle fault regarder entierement sans en approcher d'ung costé ne d'aultre sinon par le bout/ lequel fault assez plat.

Et encores si ladicte incision n'estoit cochee ne vuydee que par ung cousté/ ce sera le mieulx/ et de l'aultre cousté/ soit seullement baillé en bihays en maniere d'ung coing a fendre boys: et puis par le bout amoderez les deux en maniere d'ung fer de lance.

Et vous gardez bien en quelque sorte que taillerez vostre greffe que l'escorce ne se lyeve du cousté de dehors/ lequel laisserez plus espés que celluy de dedans. Aussi se fault bien donner de garde quant les saulvaigeaulx sont tortuz que l'on y adjouste bien la greffe/ & y remediez en la taillant que ilz puissent bien venir & joindre ensemble/ & aulx plus gros saulvaigeaulx fault bailler les plus grosses greffes.

Et d'aultant que le saulvaigeau est plus menu/ d'aultant le fault il coupper plus bas.

S'il est de la grosseur d'ung doy ou environ. Il le fault couper a ung ou a demy pied de terre en bihays a pied de chevre/ pour le fendre & mettre tant seullement une greffe.

Et si le saulvaigeau est fort gros comme ung bon baston. Couppez le troncq tout rond par le hault a ung pied ou environ bien pres de terre pour y mettre deulx bonnes ou greffe en la fente.

Et quant le saulvaigeau est gros comme le bras siez aussi rond a deulx ou trois piedz ou environ hault de terre pour le fendre & y mettre troys greffes deux en fente & l'aultre entre l'escorse & le boys du cousté qu'il sera le plus espacieulx.

Si le saulvaigeau est gros comme la jambe ou environ/ syez le a quatre ou a cinq piedz hault de terre/ & le faictes en croix pour y mettre quatre greffes/ ou le fendez tout simplement & y mettez deulx greffes en fente & deulx entre l'escorse & le boys.

Ou pour le mieulx attendez a l'enter totallement entre l'escorse & le boys quant il sera en seve. Car le boys de telz gros saulvaigeaux estraint trop sur la greffe/ si ne y mettez ung petit coing de boys vert en la fente.

Quant vous fendrez voz saulvaigeaulx gardez que ce ne soit mye par la mouelle/ mais ung peu a costé.

Quant vous vouldrez enter arbres grosses comme la cuisse ou plus grosses mieulx vault les enter en branches que ou troncq car il seroit pourry avant que les greffes le peussent recloure sur la couppeure.

Mais si les branches en sont trop arides & sans humeur: il les fauldroit toutes coupper & puis deulx ou troys ans passez qu'elles auront gettez beaulx cyons nouveaulx vous pourrez enter les meilleurs & oster les plus chetifz.

Et puis quant les greffe auroyent bien gecté fault lyer du boys parmy de paour du vent: ou bien se l'arbre est bon & franc/ laissez en croistre cyons nouveaulx ou en entez partie ycelles grands arbres que voulez/ ce sera en fente ou entre escorce. Et le boys lequel bon vous semblera ou a l'escusson se l'escorse est simple et deslyee.

Quant vous vouldrez mettre plusieurs greffes en une fente/ advisez que l'une incision soit aussi grosse que l'autre: si ce n'estoit par adventure que la fente se ouvrist plus d'ung costé que d'aultre/ & que aussi ycelles greffes soyent d'une longueur ou pres/ et suffira qu'elles ayent chascune troys ou quatre oeilletz/ tous hors de la torqueure.

Quant le saulvaigeau sera syé avant que le fendre mettez le bien par dessus du seaige avecques ferrement bien trenchant/ & le fendez tout bellement au meillieu & le coignez jusques a ce que ayez adjouxté vos greffes en le tenant de une main/ tenez vostre saulvaigeau aussy de paour que il ne se fende par trop/ & coignez avec l'aultre main du coing/ qui soit assez grosset/ par la pointe affin de le retirer mieulx.

Et si le tronc fend trop ou se separe/ l'escorse d'avecques le boys reffendez le par plus bas/ adoncques le coing & sel en la fente mettez y voz greffes/ & regardez se l'incision de ycelles est bien propre & bien en juste selon la fente: sinon faictes la tant qu'elles soyent bien.

Et sur toutes choses fault bien considerer que les deulx seves/ & entredeulx de la greffe & du saulvaigeau soyent tresbien au droit l'ung de l'aultre/ car il fault entendre que si elles ne s'entre treuvent jamais ne prendront ensemble car aultre chose ne les contrainct/ fors les seves qui s'entre rencontrent.

Et quant l'escorse du saulvaigeau est plus grosse que celle de la greffe il se fault bien donner de garde/ & adviser de retirer plus avant la greffe en la fente affin d'avoir la seve au droit de celle du saulvaigeau/ & doit aussi pareillement l'escorse du saulvaigeau surmonter l'escorce de la greffe par dehors a costé de la fente.

Aussi fault bien prendre garde que les greffes soyent bien assises & joinctes sur le troncq & que l'incision qui est en la fente joingne bien en ycelle d'ung costé & d'aultre non pas que je vueille dire qu'il soit besoing qu'elles joignent par tous endroictz/ car pour y avoir quelque peu de tasche/ cela ne les garde pas de prendre/ mais aulcunesfoys y pourroit servir/ car la seve de la greffe & du saulvaigeau s'en pourroient beaucoup mieulx contraindre l'une avecques l'aultre.

Et pource quant le saulvaigeau se sent bien droict il n'y a point de danger en taillant l'incision de la greffe de la laisser ung peu butue par endroictz/ affin que la seve de l'ung & de l'aultre se puissent mieulx conglutiner ensemble.

Quant voz greffes seront bien adjoutees dedans le saulvaigeau: tirez vostre coing tout bellement/ & ne deplacez voz greffes vous y pourrez laisser en la fente ung petit bout de coing de boys verd/ & le couppez bien rez sur le troncq.

Quant vostre coing sera retiré mettez quelque petite peleure de boys verd sur la fente du saulvaigeau/ que rien n'y entre & couvrez les fentes de l'enteure/ tout a l'environ de terre forte/ de deulx doigs ou environ d'espez/ que les vent ne pluye n'y puissent entrer/ & enveloppez de mousse & torquez de vieulx drappeaulx: ou d'escorse de ferulles/ & les lyez bien estroict de petitz osiers.

Mais gardez en les lyant que la torqueure ne vire d'ung costé ne d'aultre/ mais demeure bien ferme ladicte terre forte joincte avecques le troncq du saulvaigeau au dedans de la torqueure/ & pource fault il que celle terre soyt bien moderee en bonne sorte.

Et le mieulx est/ que ne la poignassez point entre les mains/ mais l'employez ainsi qu'elle vient de la fosse. Et s'il la fault faire plus molle ou plus dure/ destrempez la avecques une pelle/ car quant elle est essarcee elle ne tient pas si bien avecques le boys du saulvaigeau. Si vous n'avez de la mousse/ meslez du soing bien menu avecques vostre terre. Aulcuns estiment que la Mousse faict estre les Arbres moussuz/ mais je croy que cela vient de la disposition des lieulx.

Quant voz entes seront torquees lyez y ung peu avecques des rameaulx pour garder vostre enteure.

La seconde maniere d'enter/ est assez nouvelle/ c'est enter au hault des boutz des branches d'arbres/ lesquelles ne sont pas encores achevees de croystre/ ou elles soyent par avant entees ou non/ mais qu'elles ayent beau boys nouveau/ & gros cyons par hault/ vous pourrez enter en chascun arbre/ sy vous voulez de plusieurs sortes de fruictz convenable a ycelle en la maniere qui s'ensuyt.

Prenez des greffes d'aultres sortes d'arbres que vouldrez/ enter en quelque vigne/ & montez en l'arbre que voulez enter/ & en couppez aulcuns des cyons du hault/ & s'ilz sont plus gros que les greffes qu'i voulez mettre/ entez comme dict est/ des petis saulvaigeaulx/ qu'on ente a pied de chievre.

Mais si les cyons que couppez estoyent de la grosseur de la greffe/ couppez le par entre le vieil boys & le nouveau/ ou peu plus hault ou plus bas/ & le fendez ung peu: & taillez les greffes d'aultres arbres que y voulez mettre de grousseur pareille de ce que y avez couppé/ & leur faictes l'incision courte qui ayt l'escorse des deulx costez sans que l'ung costé soit plus espaix que l'aultre: & incisez vostre greffe en ycelle fente: tellement que les escorses d'ung costé comme d'aultre de la greffe soyent bien au droict d'icelle fente.

Et suffira que chascune greffe ayt ung oeillet ou deulx/ hors de la torqueure car de les laisser par trop longues/ ne seroit pas bon: & les fault torquer & envelopper de terre forte de mousse/ & de drappeaulx/ & les lyer fort/ comme dict est/ des aultres.

Pareillement pourrez enter en la maniere de prendre petitz saulvaigeaulx qui seroient de la grousseur des greffes que y voulez inserer: mais les fault enter bien pres de la terre/ comme troys doigtz ou environ.

La tierce maniere d'enter/ est aussi des greffes/ mais a les mettre entre l'escorse sans rien fendre.

Et est bonne ceste maniere a faire au temps que les arbres commencent de entrer en leur seve/ comme environ la fin de Febvrier jusques en Apvril & principallement en gros saulvaigeaulx qui seroyent difficilles a fendre/ & esquelz fault mettre quatre ou cinq greffes qui doybvent estre cueillies & gardees en terre de pieça si ce n'estoit qu'on ne peult encores trouver es arbres des tardives qui ne feussent point encores bourjonnees/ comme de capendu/ housseau/ locart. &c.

Il fault doncques sayer icelluy saulvaigeau par le plus hault/ puis qu'ilz sont bien gros/ & puis taillez les greffes que y voullez mettre semblables/ comme celles que vouldriez mettre en saulvaigeaulx fendus comme il est ja dict.

Mais ne fault pas que l'incision en soit gueres longue ny espesse & que l'escorse en soit par le bout ung peu ostee & moderee en maniere d'ung fer de lance/ & autant espesse d'ung costé comme d'aultre.

Et quant voz greffes seront aillees fault vuider & nettoyer sur le tronc pour en oster le seaige avecques ung ferrement bien trenchant affin que les greffes que y mettez puissent bien joindre sur ledict tronc & puis incontinent prenez ung cousteau bien poinctu ou ung canivet & en fichez la poincte assez avant entre l'escorse & le boys dudict saulvaigeau/ tant qu'aprés qu'il sera retiré que l'incision y puisse bien enter se avant qu'elles puissent bien joindre sur le tronc quant elles y seront assises.

Et cela faict il les fault bien couvrir & envelopper de terre forte & de mousse comme dit est des aultres/ & puis en environner incontinent les greffes de petis rameaulx & les y lyez bien estroict autour/ de paour des oyseaulx/ pareillement du vent.

La quarte maniere d'enter qui est la derniere. C'est enter a escusson en la seve au temps d'esté/ depuis environ la fin du Moys de May jusques en Aoust. Quant les arbres sont ja fort en seve/ et fueilles/ car aultrement ne se pourroit faire. Le meilleur temps en est en Juing & Juillet. Si est il aulcunes annees qu'en ce temps la l'esté est excessivement sec/ tellement qu'aulcuns arbres retirent leur seve/ & pource fault attendre qu'elles y soyent retournees.

Et pour bien commencer d'enter en ceste maniere. Il fault en esté quant les arbres sont ja bien en seve/ & qu'elles ont produict du boys nouveau qui soit ung peu duret/ prendre ung gecton en l'arbre de laquelle voulés avoir entes: & les prenez au bout des principalles branches sans rien coupper du vieil boys/ & de chascun bon oeillet d'icelluy gecton/ avecques sa queue pourrez faire vostre ente comme il s'ensuyt.

Premierement fault entendre que les plus petis & meschans oeilletz desdicts gectons ne sont pas bons pour enter/ dont fault prendre les plus gros & meilleurs & en tronsonner premierement la queue par le meilieu & en gectez la fueille sans arracher le residu de ladicte queue/ & puis aprés avecques la poincte d'ung cousteau bien trenchant & poinctu: fault inciser seullement de l'escorce dudict gecton ung escusson comme cestuy escu de la longueur de l'ongle auquel escusson y ait seullement ung oeillet plus hault que le meilieu avecques le residu de sa queue/ que luy avez laissé.

Et pour bien lever ledict escusson aprés qu'il sera incisé tout autour sans avoir couppé le boys au dedans fault prendre icelluy escusson avecques le poulce & l'aultre doy prochain/ et l'arracher comme par force sans le corrompre nullement & en l'arrachant pressez contre le boys dont vous l'arracherez du gecton/ affin que le germe dudict oeillet demeure en l'escusson car s'il demouroit avecques le boys du gecton: vostre escusson ne vauldroit rien.

Et pour facillement congnoistre s'il est bon/ regardez au dedans dudict escusson quant il sera arraché d'avecques le boys dudict gecton: & si vous voyez qu'il soit pertuysé au dedans/ c'est signe qu'il ne vault rien & que le germe en demeure avecques le boys dudict gecton qui debvoit demeurer en l'escusson/ & pource en fault faire ung aultre qui soit bon comme dict est.

Et puis quant vostre escusson sera bien levé tenez le ung peu par la queue entre voz levres de la bouche tandis que inciserez l'escorse de l'arbre pour mettre sans le mouiller.

Mais il fault enter en ceste maniere que ce soit en arbres jeunes & menues/ comme depuis celles de la grosseur du petit doy/ jusques a celles qui sont grosses quasi comme le bras/ & qui ayent l'escorse tendre & simple/ car es grosses arbres qui ont l'escorse dure & bien espesse ne se pourroit aulcunement bien faire/ si ce n'estoit qu'il y eust aulcunes branches qui eussent l'escorse delicate & disposee a ce faire.

Il fault donc promptement inciser l'escorse de l'arbre que voulez enter & l'inciser en maniere de potence/ comme cy est ung peu plus long que n'est l'escusson que y voulez mettre sans trencher le boys au dedans.

Et aprés l'incision faicte la fault couvrir de deulx costez bien doulcement avec ung petit os faict en maniere d'une pelouere & separez ung/ peu au dedans l'escorse/ d'avecques le boys/ autant comme l'escusson est loing & large & gardez bien d'en corrumpre l'escorse.

Et cela faict prenez vostre escusson par son bon bout de queue que luy avez laissee et le mettez dedans l'incision de l'arbre en levant tout bellement les deulx costez de l'escorse de ladicte incision avecques ladicte peleure de os: & faictes bien joindre parfaictement ledict escusson avecques le boys dedans l'incision de l'arbre en pesant ung peu dessus avecques le bout de la peleure/ & que le hault d'icelluy escusson touche bien du bout a l'escorse du hault de l'incision de l'arbre.

Et cela faict fault avoir du chanvre pour lier ledict escusson dedans l'incision de l'arbre & la maniere de lyer est telle. Ayez du chanvre aussi gros comme ung tuau de plume ou environ selon que l'arbre est grosse ou menue/ & prenez icelluy chanvre par le meillieu/ affin que l'ung bout puisse autant fournir comme l'aultre pour entortiller & lyer ledict escusson dedans l'incision de l'arbre & ne le fault lyer trop estroict car cela le garderoit de prendre/ & ne se pourroit bien conjoindre la seve de l'ung et de l'aultre ensemble: & ne fault point mouiller ledict escusson ne pareillement ledict chanvre de quoy on le veult lyer.

Et commencez a lyer vostre escusson le premier tout par derriere au meillieu de l'incision: & venir joindre devant avec le chanvre soubz l'oeillet & queue de l'escusson par bien pres sans couvrir ledit oeillet/ & puis retourner encores lyant au derriere de l'arbre & ramenez joindre devant par dessus le hault de l'escusson en croisant tousjours vostre chanvre pour retourner encores bien derriere pour achever de lyer au dessoubz de l'oeillet de l'escusson tant que toute la fente l'incision soit couverte hault & bas avecques ledict chanvre/ exceptez l'oeillet & sa queue qu'i ne fault point couvrir/ laquelle queue cherra toute a par elle bien tost aprés si l'escusson doit prendre.

Vous pourrez bien/ si vous voulez mettre en chascune arbre deulx ou troys escussons/ mais que l'ung ne soit point au droict l'ung de l'aultre/ ne d'ung costé. Laissez voz arbres & escussons ainsi liez ung moys ou plus: aprés qu'elles seront ainsi entees: & les plus grosses beaucoup plus long temps que les aultres qui sont ainsi menues.

Et puis aprés ung moys ou six sepmaines passees le fault deslier ou au moins en coupper le chanvre par derriere de l'arbre & les laisser ainsi desliees jusques aprés l'yver/ & puis environ le moys de Mars & d'apvril/ si vous voyez que le germe de vostre escusson bourjonne/ coupez l'arbre au dessus de l'escusson trois doys ou environ.

Et puis encores ung an passé que le gecton en sera bien fortifié/ & qu'il recommencera a rebourjonner/ fauldra achever de coupper par bien pres de l'escusson en bihays ces troys doys de l'arbre que laissez le premier an au dessus de l'escusson/ car qui le coupperoit trop pres en l'an qu'il commence a bourjonner il n'en prouffiteroit pas si bien.

Et aussi quant les escussons en auront gecté beau boys il y fauldra lyer parmy bien doulcement de petites gaulles que le vent ne les puisse rompre. En ceste maniere d'enter a escusson vous pourrez aussi facillement enter les rousiers blancs tellement que vous aurez des roses de plusieurs sortes en ung mesme rosier.

Le sixiesme chapitre: qui est de transplanter les arbres.

On doit transplanter les arbres depuis la Toussainctz jusques a Mars/ & le plus tost est le meilleur/ puis que les fueilles en sont cheuttes ce se n'est en lieux trop froitz & aquaticques/ esquelz vault beaucoup mieulx attendre a planter en Janvier & Febvrier.

Quant vous arracherez voz arbres se vous voulez merchez le costé qui est devers le midy & le leur y remettre quant vous les replanterez/ ce sera le mieulx/ & si vous les gardez quelque temps après qu'elles seront arrachees avant que les replanter il leur fault entendis bien recouvrir leurs racines en terre/ tellement qu'elles ne mouillent pour pluye ne aultrement/ car cela leur seroit plus contraire que le chault halleux.

Quant vous vouldrez replanter voz arbres il les fault premierement esbrancher/ & principallement s'elles sont grosses & branchues en telle maniere qu'on leur laisse des ciquotz avecques les troncs longs comme les doibs aulcuneffoys plus ou moins/ selon que l'arbre le requiert.

Principallement les pommiers entez & non entez est bien requis les esbrancher avant que les replanter/ car ilz proffitent beaucoup mieulx. Les autres manieres d'arbres entees s'en pourront bien passer si elles ne sont fort grosses & branchues/ & pource seroit il bon les transplanter bien tost après que les greffes en ont reclos sur la coupeure du saulvaigeau: les petites arbres/ lesquelles n'ont encores qu'une virgule/ n'est ja besoing de les coupper par hault quant on les replante.

Tous saulvageaulx qu'on pense enter il les fault aussi esbrancher avant que les replanter s'il est possible advisez bien aussi a replanter voz arbrez en aussi bonne terre ou meilleure comme celle dont les avez arrachez/ & selon que la nature de chascun le requiert.

Communement la pluspart des arbres ayment le soleil de midy & avoir abry devers le vent d'aval qui leur est fort contraire/ & principallement aulx amandiers/ abricotz Meuriers/ figuiers/ & grenadiers.

Aulcuns aultres arbres ayment l'ayr froict ce sont chastaigniers: cerisiers aigres coigniers: & pruniers.

Les Noyers ayment bonne terre formentalle.

Les poiriés n'ayment pas lieu trop pain/ & viennent assez bien en lieulx enclos de murailles: & principallement le bon chrestien.

Les pruniers ayment terre grasse & forte. Les heaulmiers ayment aussi estre replantez sur terre forte.

Le Pin ayme terre legiere/ pierreuse & sablonneuse.

Les neffliers viennent assez bien en toutes terres/ & ne laissent point a fructifier pour estre en lieu umbreulx/ & aquaticques les coudres ayment lieu froict & terre mesgre humide & sablonneuse/ mais suppose que chascune espece d'arbres ayment & fructifient mieulx es ungs lieulx que es aultres selon leur propres natures. Toutesfoys si les fault il planter & nourrir le mieulx qu'on peult es lieulx & terre qu'on a la ou on est.

Et fault aussi considerer quant on les vient planter la grandeur en laquelle chascune espece d'arbre peult parvenir & aussi se les arbres ont communement acoustumé de accroistre fort grandes en iceulx lieulx ou non/ car es bonnes terres grasses la ou les arbres peuvent fort croystre fault plus d'espace de l'une a l'aultre qu'i ne fault es terres mesgres & arides.

Et ces choses considerees leur fault bailler de l'espace competemment de l'une arbre a l'aultre quant on faict les fosses/ & ne taschez point les planter trop pres les unes des aultres/ car une bonne arbre plantee bien au large vault souventesfoys mieulx pour bien fructifier que troys ou quatre trop au destroict.

Au plus grandes arbres/ comme sont noyers & chastaigniers se vous en plantez seullement une rengee/ comme on faict communement sur les chemins/ contre les hayes des champs: il leut fault bien environ trente/ & cinq piedz d'espace de l'ung arbre a l'aultre.

Mais se vous en voulez planter plusieurs rengees en ung lieu les une pres des aultres il y fault bien d'espace de l'une arbre a l'aultre quarante & cinz piedz ou environ/ & aussi autant d'espace de l'une rangee a l'aultre.

Pour les poiriers & pommiers/ & aultres arbres qui pourroyent croistre de telle grandeur si vous en plantez seullement une rengee contre les hayes des champs ou aultrement ce sera assez de vingt piedz/ de l'une arbre a l'aultre.

Mais si vous en mettez deulx rangees sur les grandes allees d'ung jardin qui soyent larges de dix ou douze piedz: il fauldroit mettre a l'avenant plus d'espace de l'une arbre a l'aultre en chascune rangee/ comme environ de .xxv. piedz. Et ne les plantez pas au droict l'une de l'aultre/ mais soyent comme entrelasees. Et tandis comme elles mettront a croystre vous y pourrez entreplanter aultres menus arbres: mais aussi ne y en mettez pas trop espés.

Et si vous y voulez planter tout ung verger d'icelles Arbres poyriers & pommiers il y fauldroit bien d'espace de l'une arbre a l'aultre de vingt cinq a trente piedz en carré. C'est a dire qu'il y ait autant de l'une a l'aultre.

Pour planter arbres moyennes comme sont pruniers & aultres arbres de telle grandeur: il y fault bien de quatorze a quinze piedz d'espace en quartiers.

Et si vous voulez en planter seullement deulx rangees sur les allees d'ung jardin/ il fault adviser de les proporcionner selon la largeur des allees. &c.

Pour planter les cerysiers aigres/ ce sera assez d'espace d'ung arbre a l'aultre/ de dix ou douze piedz/ & pource se vous faictes de grandes allees en voz jardins qui soyent larges de dix piedz ou environ/ elles y conviendront bien & est assez de neuf a dix piedz pour les aultres moindres/ comme sont coigniers/ figuiers couldres/ &

aultres semblables/ & n'en plante l'an communement que une rangee ensemble.

Quant vous en vouldrez planter deulx rangees chascune de son espece d'arbres/ plantez les plus petis vers le soleil/ ainsi l'ombre des grans ne nuyra rien aulx petites/ ne les petites aulx grandes.

Aussi quant vous vouldrez planter poiriers & pruniers en quelque lieu/ les unes avecques les autres: mieulx vault mettre les pruniers vers le soleil/ car les poiriers endurent mieux l'ombre.

Aussi pouez noter qu'il fault plus d'espace entre les arbres quant il en y a plusieurs rangees/ que quant il n'y en y a qu'une. Car elle se peuvent estendre sur les aultres costez vuydes. Et ne plantez ja poyriers ne pommiers: & aultres grandes arbres au dessus/ sur terres mortes & portasses/ car elle ne y font fin/ mais bien aultres moindres/ comme pruniers.

Or doncques toutes lesdictes choses bien considerees/ faictes voz fosses selon l'espace qui est requise aulx arbres que y voulez planter/ & en lieulx a telles convenables le plus que faire se pourra.

Et faictes les fosses assez larges & spacieuses supposé que les arbres que vous y vouldrez planter n'eussent mye les racines moult grandes: car il fault qu'il y ait bon gueret a l'entour.

Et si aucunes d'icelles racines estoyent trop longues ou escorchees/ il leur fauldroit coupper en bihays/ tellement que le costé le plus desgarny de l'escorse soit dessoubz quant l'arbre sera plantee/ car les petites racines produyront tout a l'entour de la coupeure.

Quant on affiet les arbres es fosses/ il leur y fault bien eslargir les racines/ & gardez qu'elles tirent toutes es bas sans en rebourcer les boutz amont/ & ne fault mye planter trop par fondement en terre. Il suffit qu'elles soyent enterrees tant que la terre soit demy pied ou environ au dessus de toutes les racines. Si le lieu n'estoit moult fort ardant & pierreulx.

Et quant vous les vouldrez replanter/ ayez de bons terriers gros/ pour mesler avecques une partie de la terre que avez tiree de la fosse. Et avecques les creustes bien espesses.

La terre que prendrez a l'environ: mais n'en mettez par trop le costé herbu devers les racines/ car cela les pourroit faire eschauffer. Et meslez bien une terre avecques l'aultre/ & en remplissez bien toute la fosse/ & en faictes bien entrer de la plus menue entre les racines.

Et s'il y avoit des vers en la terre grasse que y mettez. Il fauldroit aussi mesler de la charree de buee pour faire mourir iceulx vers: car ilz pourroyent faire dommaige aulx racines.

Et fault bien fouller la terre principallement dessus & environ les racines plus si elle y est seiche que si elle y estoit mouillee/ car il ne fault point planter arbre quant il pleut ou que la terre est fort mouillee. Les arbres qu'on plante es vallees y proffitent communement bien.

Et quant il pleut/ elles en sont mieulx arrousees des esgoutz d'amont. Mais si le lieulx estoyent aquaticques de leur nature il ne y fauldroit pas trop profondement planter arbres.

Es lieulx haulx & arides/ fault planter ung peu plus parfondement que les vallees/ & ne fault ja trop y recomblez les fosses. Affin que la pluye les puisse mieulx arrouser.

Et notés que es bonnes terres viennent les bons fruictz. Mais en quelques lieulx qu'ilz puissent croistre sy les fault il bien laisser assaisonner es arbres/ ou aultrement ne seront point de bonne garde/ ne de bon goust.

Quant voz arbres seront replantees: il leurs fault picquer au pied paulx/ & les y lier de paour du vent. Et quant les leverez pour les dresser/ garder d'y mettre lyens qui les puissent corrompre/ mais prenez quelque herbe bien forte/ ou quelque vieulx linseulx de drap/ si l'herbe n'est bien ferme. Alors la pourryez lyer avecques oziers/ mais mettez entre deulx quelque herbe ou drappeaulx.

Le .vii. chapitre qui est de medeciner & entretenir les arbres quant on les affie.

Les jeunes Arbres de nouveau plantees/ fault aulcunesfoys arrouser a l'esté quant il faict temps sec. Aulmoins la premiere annee que on les a plantez/ mais les aultres grandes arbres prinses de long temps fault deschausser par dessus les racines aprés la Toussainctz quatre ou cinq piedz a l'entour & les rechausser a l'yssue de l'yver. Et si y mesliez avecques la chausseure bon terrier/ cela leur est bon.

Et principallement aulx arbres moussues: mettez leur du fumier de porcq meslé avecques aultres terriers/ & cherrees de buees environ les racines & en abatez la mousse avecques ung grant cousteau de boys ou aultrement/ tellement que n'en blessez l'escorse.

Au temps d'esté quant la terre n'est point par trop mouillee/ seroit bon de bescher au pied & a l'entour des racines de celles qui n'ont point esté deschaussees a l'yver/ & y meslez aussi quelques bonnes terrieres.

Et s'il y a en voz arbres quelques branches ou boys superflu que voulez couper: attendez jusques a ce qu'elles entrent en seve. C'est quant elles commencent a bourjonner en Mars/ en Apvril. Et couppez bien rez du tronq/ icelluy boys superflu. Et par ainsi les aultres branches en proffiteront mieulx. Et se reclorra incontinent la seve sur la couppeure. Ce que ne pourroit pas si bien faire qui les coupperoit a l'yver comme font aulcuns qui ne le ont pas bien experimenté. Mais pourtant que en icelluy temps les arbres sont ja en seve comme dict est. Prenez garde en coupant les plus grosses branches que en cheant hastivement pour leur grandes pesanteur que l'escorse ne se separe d'avecques le boys.

Et pour bien y remedier couppez premierement ycelles grosses branches a demy pied du tronc/ et puis acheuez de cyer le residu bien res & pres du tronc de l'arbre. Et puis avecques quelque ferrement bien trenchant mettre le cyage sur la couppeure/ vous le pourriez aussi bien couper au temps d'yver en leur laissant les cyquotz assez long pour les receper au temps de Mars & d'apvril comme dict est.

Aultre chose est des grosses & vieilles arbres que voulez totallement estroiser/ pour les renouveller comme sont noyers/ meuriers pruniers/ cerisiers/ & aultres/ il les fauldroit esbrancher/ & tout aprés la Toussainctz que les fueilles en sont cheuttes & avant qu'elles ayent recommencé a entrer en seve.

Mais a ycelles quant vous en coupperez les branches/ laissez leur des cyquotz assez longs avecques le tronc/ pour renter cyons nouveaulx les ungs bien longs les aultres moins selon que l'arbre le requiert.

Aulcunesfoys on a des arbres vieilles qu'on ne veult mye du tout estroysser/ comme sont poyriers/ pruniers/ & aultres grandes arbres: esquelles on a encores quelque attente de fructifier/ mais quant on voit qu'elles laissent a bien charger on leur doit seullement coupper bien pres du tronc aulcunes des plus meschantes branches. Affin que celles qui demeurent ayent plus d'humeur & grande substance.

Et aussi leur deschausser les racines aprés la Toussainctz/ & fendre des plus grosses racines & mettez es fentes des esclatz de Pierre bien dure & les laissez affin que l'humeur de la terre puisse entrer par la. Et puis les rechaussez de moult fort bonne terre a l'yssue de l'yver.

Toutes arbres lesquelles produyse cyons de leurs racines. Comme sont pruniers cerisiers de toutes sortes/ & couldres. Il leur fault arracher yceulx cyons a l'yver. Le plus tost que faire se pourra. Car ilz font soucier les grandes arbres/ & en tirent a eulx la substance/ de la terre.

Mais d'iceulx cyons dont vouldrez planter des meilleurs. Il les y fault laisser nourir deulx ou troys ans. Et puis les transplanter a l'yver/ les cyons du pied des couldres font les bonnes noysilles estre moult fort vertueuses. Quant les laissez par trop longuement.

Quant aulcunes seves ou enteures de trois ou quatre ans ou environ sont rompues ou fort endommaigees des bestes qui les ont broustees ou que on voit que le boys des greffes n'en peult bien proffiter/ mieulx vault les couper & les renter par plus bas ou plus hault qu'elles n'estoyent. Car aussi bien pourroyent prendre les greffes/ voz y remettrez au boys franc que vous en couppez comme plus bas dedans le saulvaigeau. Mais qu'il fust bien reclos sur le boys du saulvageau de la premiere foys qu'il avoit esté enté.

Au commencement que voz enteures seront entees/ ne vous hastez mye d'en arracher les cyons qui sortent du boys du saulvaigeau. Jusques a ce que voyez que les greffes ayent getté boys nouveau/ car par adventure vous feriez mourir le sauvaigeau. Lequel pourriez bien encores renter/ si les greffes se mouroyent.

Quant les greffes de voz enteures auront gecté du boys nouveau comme de deulx ou troys piez de long/ s'elles gettent de petis cyons superfluz aulx environs des bons membres que voulez nourrir/ coupez iceulx meschans cyons bien res mesmement en l'annee que les avez entez mais que ce soit tandis que le boys est encores en seve.

Aussi il est bon d'en coupper aulcuns des principaulx membres de la premiere annee se trop y en a. Et puis troys ou quatre ans aprés qu'elles aurant esté entees/ & que les greffes en auront bien reclos sur le saulvaigeau. Achevez encores d'en oster a la raison si trop y en est demeuré/ car c'est assez pour nourrir une bonne arbre de luy laisser ung bon membre pour tronc principallement a celles qui ont esté entees petites d'une greffe. Et en est l'arbre plus belle et meilleure a la fin/ qu'elle ne seroit d'en avoir deulx ou trois procedans du pied.

Mais si l'arbre avoit esté entee grosse de plusieurs greffes il luy en fauldroit laisser plus largement selon qu'on verroit estre besoing: pour bien recouvrir les fentes & coupeures du saulvaigeau.

Quant voz arbres commenceront a croistre il les fault bien conduyre troys ou quatre ans ou plus jusques a ce qu'elles soient bien formees en leur curant a mont & coupant les menues branchettes & boys superflu/ jusques a ce qu'elles soyent assez haultes sans branches comme de la haulteur d'ung homme ou plus: si bien se peult faire. Et leur dressez bien & composez bien les principaulx membres & branches si besoing en est/ avecques perches & gaulles picquees fort bien estroict a l'environ & au pied & branches tellement que l'une branche n'approche trop de l'autre ne frayez les ungs aulx aultres quant elles grossiront/ & en fault aussi coupper aulcunes branches s'elles sont trop espesses.

Quant quelques arbres sont malades du fil/ c'est une maladie laquelle leur mengue l'escorce/ il leur fault couper & oster icelle infection bien nettement a l'yssue de l'yver avecques ung ferrement bien trenchant/ & mettre sur la playe de la fiente de beuf ou de porc & l'envelopez de vieulx drappeaulx & lyez estroict d'ouzier/ & les laissez ainsi lyez longuement/ tant qu'elles y pourront tenir.

Et aulx arbres/ lesquelles auront vers dedans l'escorce la ou vous verrez l'escorce enflee il la fault inciser & fendre jusques au boys/

affin que l'infection & humeur s'en puisse destiller/ & avecques quelque crochet en fault tirer iceulx vers & pourriture de dedans le plus que faire se pourra. Et puis fault mettre dedans & dessus la playe une emplastre de fiente de beuf ou de porc meslee & broyee avecques saulge/ & ung peu de Chaulx vive & enveloppez & liez bien estroictement ensemble/ & laissez ainsi tant longuement qu'il pourra tenir/ la lye de vin espandue sur les racines des arbres lesquelles sont aulcunement malades/ leur faict grant bien.

Aussi fault bien prendre garde de toutes manieres de jeunes arbres/ principallement d'enteures que plusieurs verminiers/ gastent & endommaigent au temps d'esté. C'estassavoir lymatz: fourmiz & chenilles: & sur toutes autres choses arbres qui ont grant cours/ principallement au temps que le coqu chante depuis environ Apvril jusques a la sainct Jehan baptiste.

Ce sont petites bestes presque semblables a cossons & sont aulcunement de couleur perce/ les aulcuns sont noirs/ les aultres ont le bec long & poinctu/ & font tresgrant dommage aux enteures & aultres jeunes arbres/ car ilz en couppent les cyons nouveaulx & tendres longs comme les doigs.

Et pour bien les y prendre/ il y fault regarder au chault du jour/ & quant vous les y voirrez mettez la main au dessus tout doulcement sans remuer l'arbre/ car ilz se laissent cheoir quant on les cuyde prendre pource que promptement ne s'en peuvent voller. Et s'ilz ne se laissent cheoir en vostre main/ allez les prendre dessus les cyons avecques l'aultre main.

Pour garder les jeunes arbres des lymatz & fourmis/ sera bon mettre de la cendre & du seage de boys au pied d'icelles/ & quant la pluye aura batu celles cendre & seage il en fault remettre d'aultre ou remouvoir ce que y aurez mys de pieça.

Et encores pour les en garder il fault mettre quelques petis vaisseaulx plains d'eaue aulx piedz des dessusdictz arbres/ & aussi de la lye de vin espandue a l'environ d'icelles.

Pour bien destruyre les chenilles des arbres il y fault regarder au temps d'yver: avant qu'icelles arbres soient fueillues & si vous y voyez des pouxes & bouchons d'icelles chenilles/ ostez bien a bon escient avant qu'elles soient escloses/ & ne rompez le boys des arbres que le moins que pourrez: & faictes brusler iceulx bouchons enterrer/ ou fouiller soubz les piedz.

Et s'il en demeure au renouveau retardez au chault du jour si les voirrez ensemble par monceaulx aulx forchez des arbres & sur les branches par monceaulx. Adonc enveloppez voz mains de vieulx drappeaulx ou de fueilles/ & les lyez contre l'arbre en pesant bien promptement avecques les deux mains. Et si n'en faictes diligence bien tost seront respandues/ ou les lairont cheoir a terre. Et se ne pouez les tuer tout a ung coup recourez y: mais gardez qu'elles ne vous gettent la rosee au visaige dont elles sont pleines: car cela est dangereulx toutesfoys aultrefoys m'en ont getté mais ne m'en est point prins mal la grace a dieu.

Et fault entendre que au soir & au matin & quant il pleut/ elles sont espandues par ou il ente l'arbre/ parquoy sont plus difficilles a trouver.

Et se aulcuns bouchons sont trop hault en l'arbre lyez de la paille et l'allumez au hault d'une gaulle & les bruslez a tout.

Et pour conclusion qui veult affier arbres il ne fault soy commettre qui n'en a grand desir. Et aussi en pourra venir grant prouffit/ car souvent on voit que le revenu d'ung quartier de vigne/ ou d'ung journeau de terre tout compté & rabatu ne vault que se que on le faict valoir.

Finis.

S'ensuyt ung petit traicté comme l'en peult subtillement enter & planter/ & faire en jardins plusieurs choses bien estranges.

Et premierement.

Pour enter bien subtillement/ prenez une greffe a ung neu & la tortez & ostez l'escorse & aussi le neu. Et puis le mettez a ung getton aussi gros comme le greffe/ & il reprendra.

Pour enter vigne sur vigne/ on la doibt fendre comme ung aultre arbre/ & boutez le greffe en la fente/ et estoupper bien de cire/ et le lyer.

Item se ung arbre attent trop longuement a porter fruict/ faictes ung trou d'ung tariere en la plus grosse tige de sa racine sans le perser tout oultre/ & au trou que aurez faict boutez y ung baston sec/ & puis pareillement le laissez au dessusdict trou/ lequel soit tresbien estoupé de cire ou terre grasse & regettez sur ladicte racine la terre/ si portera celle annee.

Pour avoir pesches plustost deulx moys que les aultres/ entez en vigne & franc meurier.

Pour avoir des prunes tout au long de l'esté/ & jusques la Toussainctz de maintes manieres. Entez de l'ung & de l'autre en grosellier & en franc meurier/ & en cerisier.

Pour faire que mesles/ cerises & pesches soyent au manger bonnes comme espices/ et que on les puisse garder jusques aulx nouvelles. Entez en franc meurier comme je vous ay dict/ & a les enter mouiller les greffes en miel & y mettez ung peu de pouldre de bonnes espices. C'estassavoir du clou de giroffle/ de canelle/ & de gingembre.

Pour faire ung muscadet prenez ung fil de fer/ & le boutez en la mouelle de la plante du cep/ qui soit taillé a troys neuz/ tant que ladicte moelle soit toute tiree dehors/ puis emplissez le cep de pouldre de noix muguette: & puis l'estoupez de cyre tellement que eaue n'y puisse entrer/ & les troys gettons porteront raisins pour faire du muscadet/ & pourra l'en enter en terre: & planter tout sera muscadet.

Pour faire que Pommes & Poires/ & aultres fruictz viennent sans fleurir. Entez le greffe en ung figuier.

Pour avoir pommes de blanc durel/ ou de cappendu bien tost & aussi bien tard/ tellement que jusques a la Toussainctz en aura sur l'arbre/ & pour garder & faire durer le fruict jusques a deulx ans entez de richard en poirier d'angoisse & pommier.

Pour avoir cerises en plusieurs arbres bonnes a manger jusques a la Toussainctz entez sur franc meurier: pareillement sur saulgier.

Pour avoir grosses melles deux moys plustost que les aultres/ & que une soit meilleure que l'aultre entez en grossellier/ & en franc meurier/ & a les enter moillez les greffes en miel car les greffes moillees seront doulces.

Pour avoir poires de callouet & de hastiveau bien tost & bien tard sur les arbres entez en grosellier pour les avoir tost/ & pour les avoir tard en arbre pin ou sur poirier d'angoisse ou aultre dur arbre.

Pour avoir mesles sans pierre/ & qu'elles deviennent doulces comme miel/ entez les en esglantier/ & a les enter moillez le greffe en miel & seront doulces/ & sans noyau.

Pour avoir poires de quelque sorte que ce soit bon chrestien/ ratau/ calvau: angoisse/ ou d'aultre sorte deulx moys plus tost que les aultres/ & durent bonnes jusques aulx nouvelles entez en coigner & en franc meurier.

Pour avoir franches meures bien tost/ et bien tard jusques a la Toussainctz/ entez en poirier de hastiveau ou en groisellier pour les avoir tost/ & en meslier tard.

Pour garder poires ung an/ prenez du sel delié bien sec & le mettez avec les poyres en ung barril en telle maniere que nulle poyre ne touche point a l'aultre/ puis estouppez ledict baril/ & le mettez en lieu sec si que le sel ne se affreschise.

Pour avoir moitié pommes & moytié poyres/ prenez deulx greffes & les fendez & puis les oignez en mettant la moytié du greffe de la poyre/ & soit bien garde que eaue n'y entre par la joincture/ & entez sur tel estat que vous vouldrez & puis vous aurez moitié pommes/ & moitié poires.

Item il faict bon enter incontinent aprés que la lune est nouvelle ou deulx ou troys jours aprés/ car autant de jours que demourez a enter aprés la nouvelle lune l'arbre mettra autant de temps a porter son fruict.

Plantez le jour du croissent le saulvaigeau/ l'endemain/ ou le troysiesme jour.

Item quant on plante: & aussi quant on ente/ il faict bon dire ce qui s'ensuyt.

In nomine patris/ & filii/ & spiritussancti.

Amen.

Crescite & multiplicamini & replete terram. Pater noter. Ave maria. Et ne nos. Sed libera. Domine exaudi orationem meam. Et clamor meus ad te veniat.

Oremus.

Spiritus sancte deus qui omni creature crementum dedisti concede quesumus ut quod in nomine tuo plantamus aut instituimus/ convalescat/ crescat/ et multiplicet: & fruictificet ut ad utilitatem fidelium proficiat. Per.

Pour faire mourir & destruire formis qui sont a l'environ d'aulcuns arbres & convient d'eschauffer & remouvoir la terre en tour lesdictz arbres/ & puis mettre grant quantité de suye de la cheminee/ & tantost les formis s'en yront ou se mourront.

Item aultrement les peult on destruyre. Et fault prendre ce qui tombe quant on sye du chesne/ & en mettez largement au pied de l'arbre et tous les fromis mourront a la premiere pluye qui viendra.

Pour avoir grosses noix/ prunes/ & amandes/ prenez quatre noyaulx des fruictz dessusdictz/ & les mettés en ung pot plain de terre joingnant l'ung sur l'aultre plus pres que pourrez: & puis faictes ung pertuis au fons du pot par lequel tout ce que les noyaulx getteront seront contrainctz a yssir/ & par telle contraincte s'assembleront l'ung a l'aultre tellement qu'ilz ne feront q'ung seul arbre/ qui en son temps portera plus gros fruict que les aultres de sa nature & condition.

Item pour faire ung chesne ou ung aultre arbre soit verd aussi bien en yver comme en esté. Prenez le greffe d'ung chesne/ ou d'ung aultre arbre & l'entez en ung chou.

Item quiconques veult ediffier jardins/ il les doibt ediffier & mettre en lieu moyste et doit enfuyr le vent de la mer.

Item on peult planter sans racine tous arbres qui ont grant moelle si comme sont figuiers/ couldre franche/ meuriers/ vignes/ coigniers/ seucz/ saules/ & leurs semblables. Ce doit faire depuis la my Septembre jusques a la toussainctz. Et aultres arbres a racine doibvent estre plantees es advens de noel ou tantost aprés/ pource que souventesfoys le temps y est moult froict.

Item pour garder tous fruictz de gelee en bonne couleur jusques aulx nouveaulx/ on les doibt cueillir par temps bel & sec/ & que la lune soit en decours. Et par nuyct les mettre en lieu bien sec/ & couvrir de menues pailles de froment. Et ce le temps d'yver est froict & fort dur/ si mettez du foing par dessus. Et puis l'ostez au doulx temps/ & vostre fruict sera bel et bien odorant.

Item le premier jour du croissant faict bon ediffier/ planter/ & semer deulx/ troys/ quattre/ cinq/ six/ sept/ huyt/ neuf/ dix/ unze/ douze/ treze/ & dixsept/ & dixhuyt.

Et es aultres jours ne ediffiez ne plantez point.

Pour avoir roses vertes/ entez sur houlx.

Pour garder raisins tout l'an/ prenez bien delyé sablon & les mettez dedans & couvrés si les garderez tout l'an.

Item pour faire que le fruict d'ung arbre soit laxatif/ faictes ung pertuys en la tige ou en la maistresse racine dudict arbre d'ung gros tariere/ non pas tout oultre/ mais jusques dedans la moelle bien avant/ & emplissez ledict pertuys de seve/ ou de zulle/ ou de turbith/ lequel que vous vouldrez des troys/ qui sont toutes choses laxatives. Puis estouppés le pertuys de cire ou d'arsille/ qui est terre grasse/ & de mousse tresbien si que riens n'en puisse cheoir dehors/ & tout le fruict dudict arbre sera deslors en avant laxatif.

Finis.

Cy finist la maniere de Enter & Planter. Imprimé nouvellement a Lyon le .xxviii. de Mars. Mil. ccccc. xliii. par Olivier Arnoullet.

NOTES DU TRANSCRIPTEUR

L'orthographe et la ponctuation sont conformes à l'original. Cependant pour faciliter la lecture on a résolu les abréviations (cõme > comme, etc.) et introduit accents, apostrophes, et la distinction des u/v et i/j selon l'usage.

On a effectué les corrections suivantes:

- avec > avez (avez laissé voz petis saulvageaulx)
- mertre > mettre (mettre en lieu sec)
- quont > quant (quant vous en mengez)
- plantrz > plantez (de noyaulz plantez)
- AAlcunes > Aucunes (Aucunes arbres sont)
- on > ou (selon que le temps s'avance/ ou retarde)
- laiffez > laissez (laissez une branche)
- ou > on (quant on en veult)
- bonrjonner > bourjonner (que les arbres commencent a bourjonner)
- coustean > coustean (ung cousteau pour fendre)
- ung ung > ung (ung oeillet ou deulx)
- on > ou (ou enteures de trois ou quatre ans)

On a conservé à l'identique les termes latins suivants: spiritussancti (un seul mot); Pater noter (au lieu de noster).

www.ingramcontent.com/pod-product-compliance
Lightning Source LLC
Chambersburg PA
CBHW030513220526
45464CB00006B/2782